Enfermería ante el paciente pediátrico crítico

Enfermería ante el paciente pediátrico crítico

© José Luis Sánchez Vega, Daniel Rastrollo Collantes, Joaquín Vega Bernal

© www.lulu.com

ISBN: 978-1-291-08693-5

Fecha de Publicación: 25 de septiembre de 2012

INDICE.

I. INTRODUCCIÓN.

II. REANIMACIÓN CARDIO-PULMONAR.

III. OBSTRUCCIÓN EN VÍA AÉREA POR CUERPO EXTRAÑO.

IV. TRAUMATISMO CRANEO-ENCEFÁLICO.

V. SEPSIS.

VI. SHOCK.

VII. MENINGITIS.

VIII. MALOS TRATOS.

BIBLIOGRAFÍA.

I. INTRODUCCIÓN.

En este libro veremos las técnicas utilizadas por enfermería, algunas por los pediatras que en ocasiones necesitan de la ayuda de la enfermera y/o enfermero, y algunas de las patologías que se consideran críticas en el paciente pediátrico por su riesgo vital.

Veremos escalas de interés en la enfermería pediátrica, algoritmos y esquemas que puedan ayudarnos a simplificar un poco todas las cuestiones presentadas.

El libro va dirigido para que las enfermeras y enfermeros adquieran ciertas aptitudes y habilidades, para poder ejercerlas ante este tipos de situaciones que se les podrían presentar en una urgencia hospitalaria, extrahospitalaria o en una unidad de pediatría.

Debemos distinguir al paciente pediátrico del adulto, por sus distintas características, los valoramos, los diagnosticamos, los tratamos y aplicamos cuidados de diferentes maneras, no solo por la diferencia de tamaño lo que condiciona también el material a usar que debe ser en proporción, sino por sus diferencias fisiológicas, anatómicas o por la diferencia de idiosincrasia en los fármacos, recordando siempre que la dosis en el niño depende del peso de éste, y cuando existen situaciones en las que no nos podemos entretener en pesarlo, hay una fórmula que se usa para calcular el peso aproximado.

Tablas de valores y fórmulas de interés en pediatría:

Cuándo necesitamos saber el peso de un niño para calcular la dosis de un fármaco o sueroterapia a administra y no podemos pesarlo porque la situación es crítica existe la siguiente fórmula, Peso = 2(A+4), es decir tendremos el peso en Kg. al sumar la edad en años mas cuatro y multiplicarlo por dos, un ejemplo un niño con 2 años y medio seria Kg. = 2(2,5 + 4) = 13 Kg. sería el peso aproximado.

Tabla con el rango aproximado de signos vitales en pediatría:

EDAD	FC (Lpm)	FR (Rpm)	TA(mm de hg)	
-	-	-	Sistólica	Diastólica
Neonato	120-140	40-60	75-90	35-55
1-12 meses	110-120	30-40	80-100	45-65
1-6 años	90-120	20-30	80-120	45-80
7-12 años	80-110	15-20	100-130	50-90
> 13 años	70-100	12-16	110-140	60-95

Fórmulas para la elección del tubo endotraqueal para la intubación:

Diámetro tubo endotraqueal es la suma de cuatro al resultado que nos de la edad en años dividido entre 4, es decir en mm = 4 + A/4. Un niño de 3 años, 4+3/4 = 4.75 elegiríamos un 4.5 o 5. Y en la longitud del tubo aplicaremos la formula 12 + A/2.

Medicación para la intubación endotraqueal:

Atropina 0.01 mg/kg/IV	1 ml = 1 mg
Succinilcolina 1-2 mg/kg/IV	1 ml = 50 mg
Midazolam 0.3 mg/kg/IV	1 ml = 5 mg
Etomidato 0.3 mg/kg/IV	1 ml = 2 mg
Ketamina 2mg/kg/IV	1 ml = 50 mg

Tabla de analgesia:

Fentanilo 2-5 mg/kg/IV	1 ml = 50 mg
Morfina 0.1 mg/kg/IV	1 ml = 10 mg

Tenemos algunas escalas más como la escala de Glasgow, para valorar neurológicamente al paciente pero la veremos en el capitulo de traumatismos cráneoencefálico.

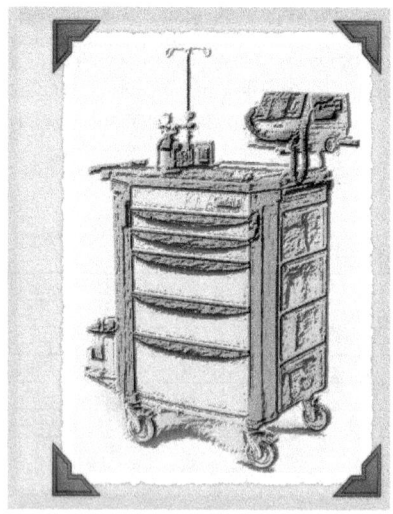

II. RCP PEDIATRICO.

La RCP en pediatría difiere en la del adulto por las características diferentes que comentamos en la introducción, para hacer frente a ellas hay que tener unos mayores conocimientos y una amplia oferta de equipamiento proporcional a la talla del niño, los fármacos y sus dosis tienen efectos diferentes y las diluciones se calculan en función al peso del niño.

La etiología de las paradas cardio-respiratorias en pediatría no suelen tener una etiología cardiogénica como lo son en la mayoría de los casos en el adulto, en pediatría muy por encima del resto la parada cardiorrespiratoria viene dada por una insuficiencia respiratoria, y luego en menor medida por muerte súbita del lactante, sepsis, traumatismos, quemaduras e hidrocución.

Vamos a ver los dos tipos de resucitación cardio-pulmonar, el que nos da el soporte vital básico y el avanzado.

- *El soporte vital básico*, es aquel que con un mínimo de recursos materiales o en ausencia de ellos comenzamos a practicar la resucitación cardio-pulmonar, se da inmediatamente cuando nos encontramos ante una parada cardio-respiratoria, puede ser iniciado por personal no sanitario hasta que se cumple la cadena de supervivencia y llegan los profesionales que iniciaran el soporte vital avanzado.

  - **A.** Vía aérea, comprobar nivel de consciencia sacudiendo o pellizcando en decúbito supino, si es presenciado llamar inmediatamente pidiendo ayuda si no es presenciado, iniciar 2 minutos de SVB y avisar, en el caso que solo exista un solo reanimador mientras que si tenemos dos reanimadores uno inicia SVB y otro pide ayuda.

    Comprobar que la vía aérea este permeable, la apertura se realizara con maniobra frente mentón excepto en lactantes y en sospecha de lesión cervical, que es mas adecuada la tracción mandibular.

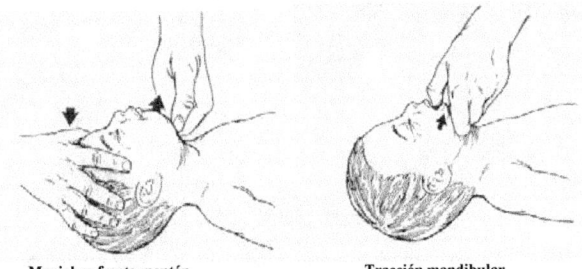

Maniobra frente-mentón   **Tracción mandibular**

Si hay sospecha de cuerpo extraño haremos una inspección ocular y extraer si es visualizable, con el dedo en garra o bien con una pinza de Maguill.

- **B**. Respiración, ver oír sentir signos ventilatorios. Si respira sin signos de traumatismo, colocar en posición de seguridad, si no respira o es ineficaz la respiración, hacer 5 insuflaciones de rescate y valorar circulación. Ventilación boca-nariz en menores de un año, es decir con nuestra boca sellamos su boca y su nariz para insuflar el aire, y en mayores boca-nariz o boca-boca.

- **C**. Circulación, valorar pulso braquial en menores de 1 años y pulso carotídeo o femoral en mayores del año, si duda iniciar compresiones.

Si respira pero no hay pulso 12-20 insuflaciones por minuto, si no respira y no circula 30:2. pulso inferior de 60 lpm se considera parada.

Técnica de compresiones, mitad distal esternón nunca en xifoides: < 1 año técnica de dos dedos de una mano o técnica de dos pulgares abrazando tórax. >1 año con talón de la mano o con las dos manos.

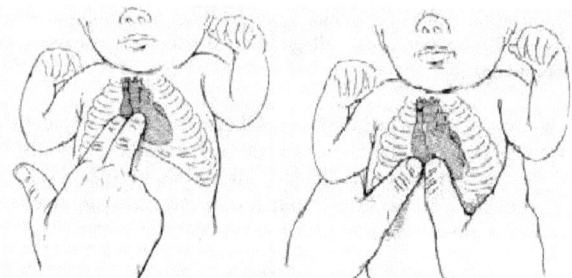

Técnica de dos dedos de una mano   Técnica de dos pulgares abrazando tórax

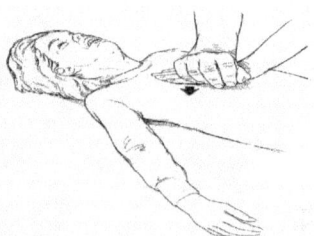

Técnica talón de ambas manos

Sincronización un reanimador 30:2, y 15:2 en dos reanimadores valorar cada 2 minutos la respiración espontánea y la aparición de pulso, sino seguir con RCP.

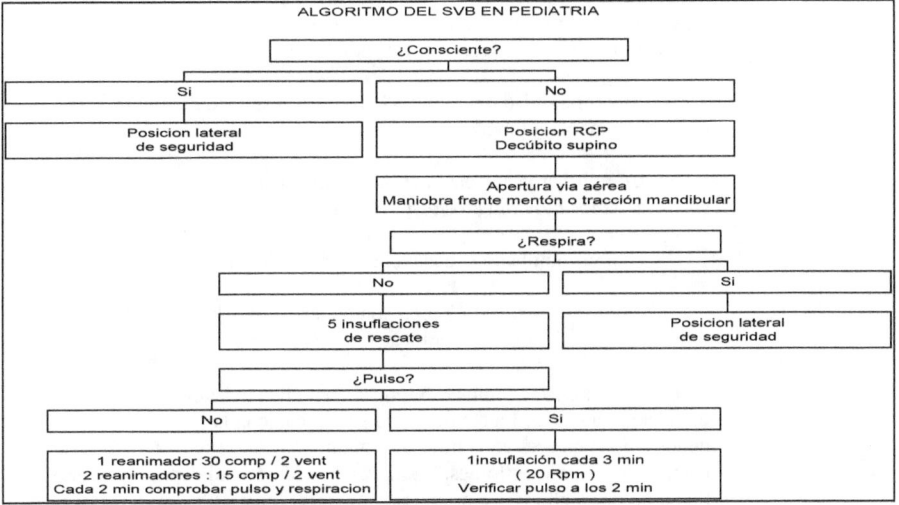

- *El soporte vital avanzado*, consiste en el conjunto de medidas a tomar para aplicar un tratamiento definitivo a la parada cardio-respiratoria, al igual que en el SVB puede realizarlo cualquier persona con algunos conocimientos de primeros auxilios, sin tener porque ser personal sanitario, en este caso el SVA si debe ser practicado por un personal cualificado y entrenado para ello, así como el material necesario.

    Unas de las claves para que el SVA tenga mayor éxito, es que anteriormente se haya practicado un correcto SVB, y si no se ha realizado iniciar con el SVA inmediatamente.

    - **A.** Asegurar vía aérea libre de obstáculos, introducir cánula orofaríngea tipo Guedel, del tamaño apropiado, que permitirá la ventilación con mascarilla y bolsa autoinflable y la aspiración de secreciones.

    - **B.** Intubación orotraqueal precoz para instaurar una ventilación optimizada y el aporte de medicación. Previamente a la intubación, es preciso ventilar y oxigenar adecuadamente al paciente, la presión cricoidea (maniobra de sellick) disminuye la posibilidad de regurgitación, una formula para una correcta elección del tubo endotraqueal seria 4 + edad / 4.

        Se pueden usar tubos con balón en todas las edades excepto neonato.

Las palas del laringoscopio en RN y lactantes deben ser rectas para el resto de niños utilizar pala curva a elegir entre los 4 tamaños, el mas adecuado, no sobrepasar los 30 segundos en cada intento de intubación, y bolsear oxígeno entre cada intento.

La profundidad del tubo no los dará el resultado de multiplicar por 3 el tamaño del tubo.

Comprobar la correcta intubación mediante auscultación y la simetría de los movimientos respiratorios.

Una vez intubado la cadencia de 15-30:2 será suficiente.

Si no se consigue la intubación podemos usar la mascarilla laringea que es de mas fácil colocación.

- **C.** Existe consenso de iniciar masaje siempre que existan signos de circulación ineficaz. La técnica seria en < 1 año con la técnica de dos dedos o dos pulgares en la línea intermamilar y en > 1 año un dedo por encima de apéndice xifoides. La fuerza ejercida deberá deprimir el tórax un tercio de su altura y la proporción compresión-ventilación 15-30:2 dependiendo si hay dos o un reanimador.

    La monitorización básica en una parada cardio-respiratoria es el registro electrocardiográfico continuo. Este registro también se puede realizar con las palas del desfibrilador.

- **D.** La administración de fármacos se podrá realizar por intravenosa que es el acceso de elección inicial o intraosea si no conseguimos la anterior, se punciona 1-2 cm por debajo de la tuberosidad tibial en cara antero-interna. En niños mayores 6 años, por encima del maleolo interno, y la vía endotraqueal, si no conseguimos ninguna de las anteriores.

    La adrenalina se usa en PCR por ritmos desfibrilables o no, la dosis inicial es de 0,01mg/Kg. en disolución de 1/10.000, salvo en vía endotraqueal que no se diluye.

    La amiodarona esta indicada en FV/TV sin pulso resistentes a desfibrilación, en dosis de 5mg/Kg.

    El bicarbonato sódico esta restringido a paradas prolongadas de mas de 10 minutos, 1 mg/Kg.

    La atropina en bradicardia sintomáticas, a dosis de 0.02-0.05 mg/kg.

    La fluidoterapia se usa habitualmente de mantenimiento.

- **E.** La identificación de arritmias es el ultimo paso en las que en pediatría como ya hemos comentado con anterioridad son secundarias a una hipoxia o a una acidosis. Para un mejor explicación y entendimiento lo vemos en el siguiente algoritmo.

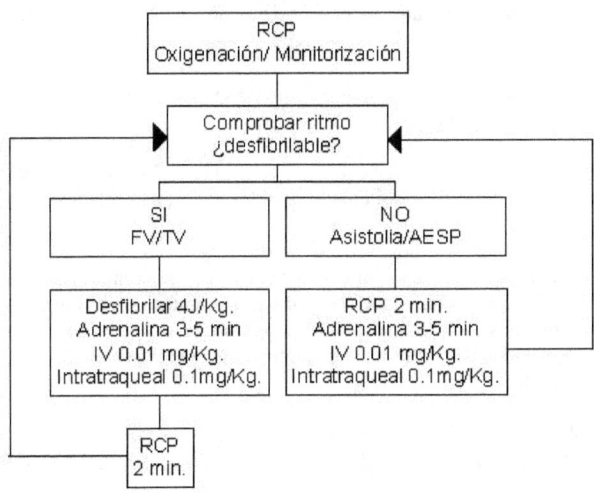

Identificar posibles causas reversibles y tratarlas las llamadas 4 H y 4 T:

Hipoxia
Hipotermia
Hipo/hiper electrolitos
Hipovolemia

Taponamiento cardiaco
Trombo-embolismo pulmonar
Tóxicos
Neumotórax a tensión

III. OBSTRUCCIÓN DE VÍA AÉREA POR CUERPO EXTRAÑO.

Cómo veníamos diciendo en los capítulos anteriores, una de las causas mas frecuente de parada cardio-respiratoria en la pediatría es la hipoxia y en muchos de los casos viene dada por la obstrucción de la vía aérea por un cuerpo extraño.

Tiene mayor incidencia en niños menores de 5 años, y de este grupo los mas frecuentes los lactantes.

La mayor parte de las obstrucciones por cuerpo extraño en la infancia tienen lugar cuando los niños comen o juegan.

Los signos de obstrucción de vía aérea por cuerpo extraño, vienen por el reflejo de tos del niño por intentar expulsarlo, la tos, ronquidos, estridor, sibilancias, dificultad respiratoria.

La tos espontánea es un mecanismo fisiológico el cuerpo humano, para expulsar cualquier objeto extraño que se introduce por el tracto respiratorio, y es quizás la forma más efectiva conocida, más incluso que cualquier maniobra que pueda realizar un rescatador, el problema viene cuando la tos es inefectiva o hay ausencia de esta porque la obstrucción es completa de la vía aérea.

La metodología de las técnicas a realizar para desobstruir la vía respiratoria de un cuerpo extraño la vamos a dividir en dos, en lactantes o menores de 1 año y en mayores de 1 año.

- *Técnicas de desobstrucción de cuerpo extraño en vía aérea en lactantes o menores de 1 año.* Hay dos posibilidades si esta consciente o no.

    - **Consciente**. Colocaremos al niño en decúbito prono sobre el antebrazo del resucitador, con la cabeza ligeramente más baja que las extremidades y sujetándole la mandíbula. Apoyamos el antebrazo del resucitador en el propio muslo, y realizaremos 5 percusiones inter-escapulares con el talón de la mano, como en la demostración gráfica de a continuación.

Una vez realizado esta maniobra colocaremos la mano libre del resucitador sobre la espalda sujetando el occipucio con la palma de la mano, y con la otra que sujetamos la cara y mandíbula, procedemos a girar al niño en bloque, manteniéndolo en supino, colocamos el antebrazo en el propio muslo del resucitador, la cabeza ligeramente mas baja que el tronco y realizamos 5 compresiones torácicas, una por cada segundo. Como vemos en el siguiente dibujo.

Repetimos secuencia hasta conseguir la desobstrucción completa o hasta que pierda la consciencia.

- **Inconsciente.** Abriremos vía aérea traccionando mandíbula y lengua, y haremos una inspección ocular por si fuera visible el cuerpo extraño, y en caso afirmativo, procederemos a extraerlo con una barrido digital, no lo intentaremos a ciegas porque podríamos incrustar mas el objeto, si no se consigue la extracción, abriremos la vía aérea con maniobra frente-mentón o tracción mandibular y realizaremos 5 ventilaciones de rescate, si no se eleva el tórax volveremos a reintentar abrir vía aérea y repetiremos las ventilaciones, si aún seguimos sin respuesta, iniciaremos compresiones torácicas sin necesidad de comprobar pulso, si consigue expulsar el cuerpo extraño o conseguimos que respire espontáneamente de manera eficaz lo colocaremos en posición lateral de seguridad.

- *Técnicas de desobstrucción de cuerpo extraño en vía aérea en niños mayores de 1 año.* También vemos los dos supuestos que nos podemos encontrar, estando el niño consciente o sin consciencia.

  - **Consciente.** Practicaremos la maniobra de Heimlich. Nos colocaremos detrás del niño con los brazos del resucitador bajo las axilas de la víctima rodeando el torso. Colocaremos el puño con el pulgar dentro del puño por encima del ombligo del niño y con la otra mano agarramos el puño y ejercemos 5 compresiones abdominales hacia arriba y hacia atrás, cada compresión debe hacerse separada de la anterior y continuaremos hasta que el cuerpo extraño desobstruya la vía aérea o hasta que el niño pierda la consciencia. Como podemos ver en la siguiente representación gráfica de la maniobra de Heimlich.

- **Inconsciente**. Colocaremos al niño en decúbito supino, y abriremos la vía aérea traccionando la lengua y la mandíbula, para intentar visualizar el cuerpo extraño y extraerlo si hubiera posibilidad de hacerlo. Si no lo visualizamos o no lo conseguimos extraer, abriremos la vía aérea con maniobra frente-mentón y haremos 5 ventilaciones, si la ventilación no es eficaz, reintentaremos abrir la vía respiratoria, si seguimos sin conseguir una ventilación eficaz, nos colocaremos de rodillas sobre los muslos de la victima y colocaremos el talón de una mano, sobre el abdomen del niño en la línea media, y entre ombligo y el apófisis xifoides, colocaremos la otra mano encima de la primera y presionaremos hacia arriba y hacia dentro con ambas manos, hasta 5 veces si fuera necesario, una vez resuelto colocaremos a la victima en posición lateral de seguridad y en caso de no conseguirse, iniciaremos maniobras de RCP.

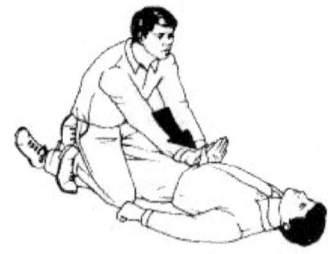

IV. TRAUMATISMO CRANEO-ENCEFALICO.

Entendemos como traumatismo cráneo-encefálico cualquier lesión física o deterioro funcional del contenido craneal secundario a un intercambio brusco de energía mecánica.

Su importancia radica en la alta incidencia en nuestro país, del cual el 50% de los afectados, son pacientes pediátricos. El TCE infantil constituye un motivo frecuente de consulta en Urgencias. Aunque en su mayoría no conlleva consecuencias graves, el TCE supone la primera causa de muerte y discapacidad en niños mayores de 1 año en los países desarrollados.

Las causas de los traumatismos están ligadas a la edad de los sujetos que los sufren. Las caídas constituyen el mecanismo etiológico más frecuente. Los accidentes de tráfico son la segunda causa en frecuencia, pero ocupan el primer lugar en lesiones graves y fallecimientos. El maltrato es una causa de TCE potencialmente grave, que afecta con mayor frecuencia a los menores de dos años.+

Comparativamente con el resto de la población, los pacientes pediátricos presentan con mayor frecuencia lesión intracraneal, en especial cuanto menor es la edad del paciente. Esta mayor susceptibilidad de los niños ante los TCE se debe a una superficie craneal proporcionalmente mayor, una musculatura cervical relativamente débil, un plano óseo más fino y deformable, y un mayor contenido de agua y menor de mielina, lo que origina daño axonal difuso en los accidentes de aceleración y desaceleración.

Un TCE genera distintos tipos de daño cerebral según su mecanismo y momento de aparición. Esta diferenciación ha de ser considerada en el manejo diagnóstico y terapéutico del paciente:

- *Daño cerebral primario.* Se produce en el momento del impacto, a consecuencia del traumatismo directo sobre el cerebro, o por las fuerzas de aceleración o desaceleración en la sustancia blanca.

- *Daño cerebral secundario.* Resulta de los procesos intracraneales y sistémicos que acontecen como reacción a la lesión primaria, y contribuyen al daño y muerte neuronal.

    A nivel intracraneal pueden aparecer edema cerebral, hemorragias intracraneales y convulsiones.

En la valoración actuaremos siguiendo las pautas del politraumatizado con el ABCDE.

- A. Vía aérea con control cervical
- B. Ventilación
- C. Circulación

- D. Exploración neurológica
- E. Estado físico.

La evaluación de los signos vitales es una medida imprescindible ante todo paciente con un TCE, ya que constituye un buen indicador de la función del tronco cerebral.

Antes de iniciar cualquier exploración, deberemos valorar el estado y permeabilidad de la vía aérea (A), pero siempre bajo el más estricto control de la columna cervical.

El control de la ventilación (B), requiere además control de los movimientos tóraco-abdominales, así como la auscultación pulmonar.

La exploración de la circulación (C) debe abarcar por un lado el ritmo y la frecuencia, así como el estado de perfusión y regulación de la temperatura corporal.

En la exploración neurológica (D) valoraremos el nivel de consciencia, simetría y la reactividad de las pupilas y la fuerza muscular.

La exploración neurológica puede completarse con posterioridad con la exploración de los pares craneales y los reflejos del tronco del encéfalo, el estudio de los reflejos osteotendinosos, buscando la existencia de asimetrías o signos sugestivos de lesiones con un efecto de masa.

El nivel de consciencia lo valoraremos mediante la utilización de la escala de Glasgow modificada a la edad pediátrica.

APERTURA OCULAR	> 1 AÑO	< 1 AÑO
4	Espontánea	Espontánea
3	Respuesta a órdenes	Respuesta a la voz
2	Respuesta al dolor	Respuesta al dolor
1	Sin respuesta	Sin respuesta
RESPUESTA MOTORA	> 1 AÑO	< 1 AÑO
6	Obedece órdenes	Movimientos espontáneos
5	Localiza el dolor	Retira al contacto
4	Retira al dolor	Retira al dolor
3	Flexión al dolor	Flexión al dolor
2	Extensión al dolor	Extensión al dolor
1	Sin respuesta	Sin respuesta
RESPUESTA VERBAL	> 5 AÑOS	2 – 5 AÑOS	< 2 AÑOS
5	Orientada	Palabras adecuadas	Sonríe, balbucea
4	Confusa	Palabras inadecuadas	Llanto consolable
3	Palabras inadecuadas	Llora o grita	Llora al dolor
2	Sonidos incomprensibles	Gruñe	Se queja al dolor
1	Sin respuesta	Sin respuesta	Sin respuesta

En el estado físico (D) se ha de realizar una cuidadosa palpación del cráneo, de las fontanelas y de los huesos faciales, así como la inspección de las heridas del cuero cabelludo en busca de fracturas subyacentes signos de cualquier traumatismo oral o mandibular.

Habrá que considerar la posibilidad de otras lesiones asociadas: médula espinal, torácicas, abdominales, pélvicas o en miembros.

Usaremos además la prueba de imagen como la radiografía simple, el TAC y la resonancia magnética, para una exploración complementaria que ayude a un rápido diagnostico.

Las medidas terapéuticas a tomar serían el aporte de fluidoterapia, analgesia, manejo de la hipertensión craneal.

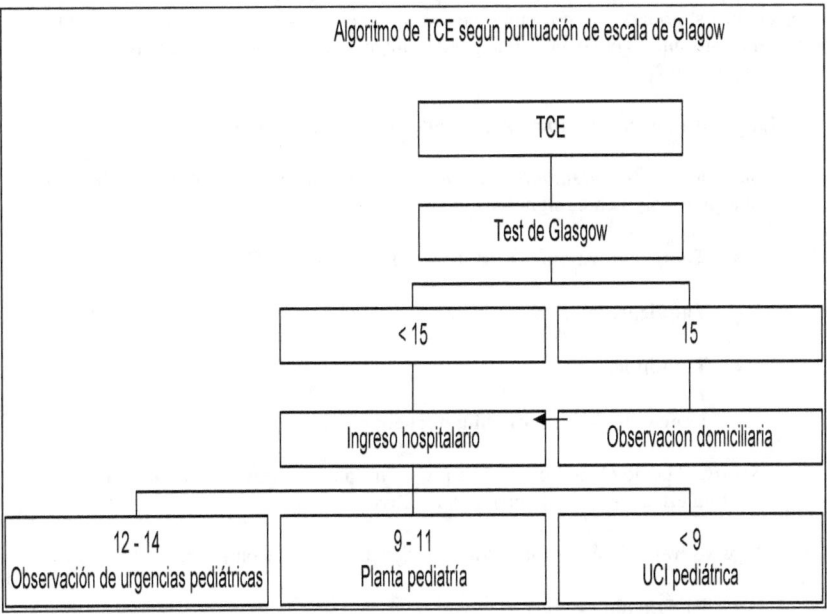

En la observación domiciliaria deberá acudir al hospital siempre, que haya un aumento de la somnolencia, con dificultad para despertarlo, un decaimiento general, vómitos repetitivos, dolor de cabeza intenso, perdida de fuerza, convulsiones, alteración de la visión, pupilas anisocóricas, alteración del habla, hemorragia nasal o por oídos.

Mientras que es normal que aparezca un dolor de cabeza moderado, nauseas con algún vomito aislado, mareos, vértigos leves o no recordar el momento del golpe.

V. SEPSIS.

Sabemos que en pediatría un motivo de consulta habitual son enfermedades Infecciosas que suelen resolverse favorablemente con su adecuado tratamiento, aunque hay veces debido a unos factores como la edad, el patógeno, y unas condiciones especiales en el huésped pueden suponer una agravamiento de la infección incluso llegando a provocar un compromiso vital.

Se entiende por sepsis al síndrome de respuesta inflamatoria sistémica provocado por un agente patógeno infeccioso o no, como por ejemplo quemaduras, trauma múltiple, isquemia, pancreatitis, cirugía mayor e infección sistémica, que provocan unos síntomas y signos que representan la respuesta del organismo frente a la liberación de sustancias endógenas que pueden llegar a se mas nocivas que las propias toxinas del germen.

La sepsis se puede clasificar según su forma de presentación:

- *Síndrome de respuesta inflamatoria sistémica, (SIRS)*. Cuando se cumplen 2 o mas de los siguientes signos.

    - **Temperatura mayor de 38º C o menor de 35º C.**

    - **Taquicardia.**

    - **Taquipnea.**

    - **Leucocitos con neutrofilia o leucopenia..**

- *Sepsis*. Cuando el síndrome de respuesta inflamatoria sistémica esta causada por una infección documentada con cultivo.

- *Sepsis severa*. Cuándo a la sepsis anterior descrita le acompaña.

    - **Disfunción orgánica**

    - **Hipotensión**

    - **Hipoperfusión, incluyendo acidosis láctica y oliguria, alteraciones neurológicas**

    - **Coagulopatías.**

- *Shock séptico.*

    - **Shock séptico temprano**. Sepsis severa que se acompaña hipotensión o pobre llenado capilar que responde correctamente la terapia de líquidos IV y/o intervenciones farmacológicas.

- **Shock séptico refractario**. Sepsis con hipotensión o pobre llenado capilar que tarda mas de 12h a pesar de la administración de líquidos IV y que requiere apoyo vasopresor

- *Fallo multiorgánico*. Alteración funcional de los órganos y sistemas inducidos por la sepsis, que de tal magnitud que la homeostasia no puede ser mantenida sin intervención médica.

El manejo terapéutico se basan por un lado en la detección precoz y el control del foco séptico y por otro con medidas de soporte hemodinámico, con una adecuada reposición de volumen y el empleo circunstancial de agentes vasopresores, que permiten por un lado un adecuado control de la fuente de infección y por el otro el empleo de una terapia antibacteriana apropiada.

Los cuidados de enfermería irán encaminados a garantizar la oxigenación, ya que puede necesitar la ventilación mecánica, el aporte nutricional que pudiera ser por vía parenteral o enteral a través de sonda nasogástrica, la protección de la integridad de la piel y la movilidad debido al encamamiento, y la necesidad e eliminación.

VI. SHOCK

Entendemos por shock el síndrome clínico que aparece a consecuencia del fallo de la circulación para satisfacer las demandas metabólicas de los tejidos. Cuándo antes se identifique el shock en su progresión, mas precozmente se instaurará su tratamiento y mejor será el pronostico.

La circulación tisular inadecuada puede ser la consecuencia de los siguientes tipos de shock:

- *Shock hipovolémico*. El que lo podemos clasificar en dos.

    - **Hipovolémico absoluto.** Es la pérdida verdadera de líquido intravascular, como en el caso de hemorragias, quemaduras, diabetes y el secuestro en el "tercer espacio" que se da en la pancreatitis y en la peritonitis.

        Es la causa mas común en pediatría, el fracaso circulatorio se produce a causa de una pérdida del 15–25% del volumen sanguíneo total.

        El retorno venoso disminuye con la consiguiente bajada de la presión venosa central y del volumen latido. La frecuencia cardiaca aumenta intentando mantener el gasto cardiaco, la tensión arterial sistólica disminuye debido al menor volumen latido y la tensión arterial diastólica se mantiene o aumenta ligeramente secundaria a la vasoconstricción periférica, que el propio cuerpo produce para proteger el cerebro y el miocardio. Al disminuir la perfusión tisular aparece acidosis metabólica, y el liquido intersticial se moviliza hacia los espacios intravascular e intracelular provocando un descenso del hematocrito.

        Conforme avanza el síndrome, ya el organismo no es capaz de mantener una perfusión cerebral normal y aparece la confusión, letargia y estupor.

    - **Hipovolémico relativo.** Es una disminución del tono produciendo un aumento del compartimento vascular, como es en el caso de la sepsis, el traumatismo de la médula espinal, en las intoxicaciones medicamentosas y en la anafilaxia.

        Lo podemos clasificar en 3 tipos de shock:

        1.- <u>Shock séptico</u>. Descrito en el capitulo anterior

        2.- <u>Shock neurogénico</u>. Se produce tras un traumatismo en la médula espinal. La pérdida de inervación simpática autónoma produce vasodilatación.

3.- <u>Shock anafiláctico</u>. Consecuencia de un alérgeno al que el paciente es sensible, que provoca una respuesta inmunitaria liberándose unos mediadores químicos que producen vasodilatación, aumento de la permeabilidad capilar y broncoconstricción.

- *Shock cardiogénico o fallo de la bomba.* Es poco frecuente en pediatría. Viene dado por un estado normal de la función cardíaca que provoca el fracaso del sistema cardio vascular.

Las causas que lo provocan son las arritmias, hipoxia-isquemia, miocardiopatías congénitas, intoxicaciones farmacológicas, etc.

El mecanismo de compensación suele ser inespecífico y pueden contribuir a la propusión del shock por una depresión de la función cardíaca.

El tratamiento en casi todos es similar, la reposición del volumen y el control de las pérdidas, para poder mantener la normalidad de la presión venosa central, antibioterapia en el caso de los sépticos, así como drenajes adecuados de los focos infecciosos, en el caso de la anafilaxia usaremos también la adrenalina 0.01 mg/kg si es subcutáneo y 0.1 mg/kg en IV.

Los cuidados de enfermería se centraran en la administración oxigenoterapia suficiente para disminuir la hipoxemia, canalizar y mantener permeables 1-2 vías venosas gruesas para el aporte de volumen, administrar fluidos y fármacos prescritos por el médico y vigilar y monitorizar las constantes vitales.

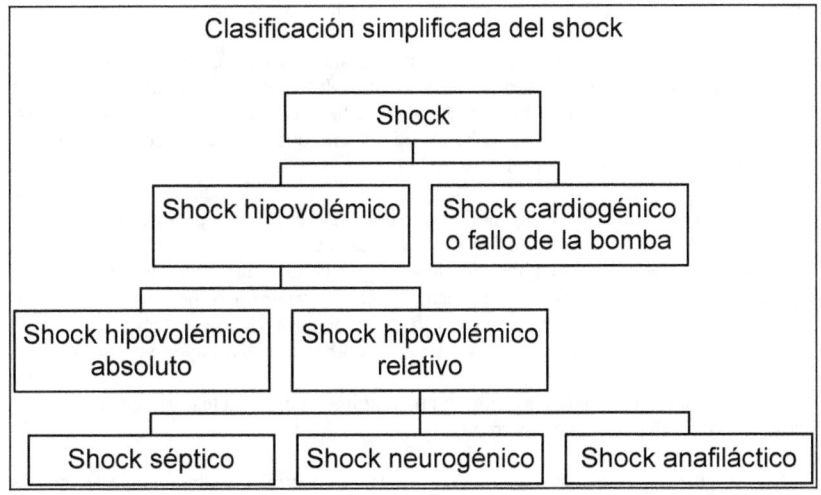

VII. MENINGITIS

Es una infección inflamatoria de la membrana que cubre la médula y el cerebro denominada meninges, en el 80% de los casos es de origen viral y su pronostico es mas favorable que las producidas por las bacterianas, que aunque se dan en menor medida son potencialmente letales.

Hablaremos en su totalidad de la meningitis bacteriana por su gravedad. Un diagnostico precoz favorecerá un rápido y correcto tratamiento para resolver bien la patología, aunque por su rápida progresión se hace algo complicado, pudiendo conllevar severas secuelas o la muerte.

Los agentes etiológicos mas frecuentes de la meningitis bacterianas son en un 90–95% el Haemophilus influenzae, el Streptococcus pneumonie y la Neisseria meningitidis también llamada neumococo.

El mecanismo fisiopatológico mas frecuente para el desarrollo de la meningitis puede ser una colonización de las vías respiratorias superiores por las bacterias con una posterior invasión del torrente sanguíneo y diseminación hematógena a foco distales como los ventrículos cerebrales y las meninges. Este mecanismo explica la frecuente existencia de múltiples sitios anatómicos de infección en el momento de la presentación de la meningitis. Otra de las vías fundamentales de la invasión bacteriana del sistema nervioso central es por contigüidad a partir de focos adyacentes de infección, tales como otitis media, mastoiditis o sinusitis paranasal. Esta diseminación puede tener lugar por extensión directa secundaria a la destrucción de los tejidos interpuestos o a través de los vasos sanguíneos que drenan desde los senos nasales hacia los senos venosos de la duramadre. Las infecciones bacterianas pueden ocurrir también por inoculación directa como a consecuencia de un traumatismo o través de una solución de continuidad preexistente como un seno de la duramadre o un mielomeningocele.

Las alteraciones especificas de los mecanismos de defensa del huésped se han acompañado de un mayor riesgo de infección. Las deficiencias humorales de inmunoglobulinas, complemento y properdina se han asociado a infecciones causadas a microorganismos encapsulados, de la misma manera, que la ausencia congénita o traumática del bazo, o la hipofunción esplénica.

Se asocian con sepsis los déficit de inmunidad celular, en particular, los defectos de la quimiotaxis, de la fagocitosis y de la actividad bacteriana de los polimorfonucleares aumentan también la susceptibilidad de la infección. Las malformaciones cardiovasculares con shunts veno-arteriales permiten evitar el paso por el pulmón y por tanto, su capacidad de filtro y fagocitaria. De esta manera, sangre venosa potencialmente contaminada tiene acceso libre a la circulación venosa cerebral.

En torno al 50% de los niños con meningitis, tienen una historia de infecciones respiratorias alta previa o concurrente.

La infección bacteriana del sistema nervioso central engloba un amplio espectro de enfermedades, desde la encefalitis primaria, con irritabilidad, cefalea confusión estupor o convulsiones, hasta la meningitis franca, que se manifiesta con rigidez de nuca. Generalmente debutan con fiebre, pero pueden presentarse con hipotermia. Son muy frecuente los signos o síntomas del aumento de la presión intracraneal (PIC) que pueden ser sutiles, cefaleas o llamativos, fontanela prominentes.

Los lactantes, por lo general, suelen presentar fiebre alta e irritabilidad, y los padres pueden referir una sensación de inseguridad ante la salud del niño. En niños mas mayores con meningitis presentan a menudo la afectación de algún par craneal, evidente en la exploración física, los mas habituales son el III, VI y VIII. También se asocian con meningitis las petequias y equimosis, y así como el "taché cérébrale", que consiste en la aparición de una línea roja con bordes pálidos al rascar la piel. Se debe realizar un despistaje cuidadoso de infección en otros niveles, para que ayude a establecer el diagnostico y la terapéutica.

El diagnostico siempre va avenir refutado por el análisis del líquido cefalorraquídeo a través de la punción lumbar, se tomaran muestras para cultivo, para recuento de leucocitos, glucosa y proteínas. El líquido cefalorraquídeo se encuentra claro cuando la meningitis lo produce un agente viral mientras q cuando es de origen bacteriano el líquido tomara un color turbio o purulento, aunque el tratamiento con antibióticos antes de la punción puede hacer que la apariencia del liquido sea claro, pero no afectara al recuento de las células del mismo.

El tratamiento inicial y precoz de la meningitis debe ser empírica, eficaz frente a los patógenos mas probable para la edad del paciente e instaurada por vía endovenosa. La asociación de Ampicilina y cefalosporinas de 3ª generación, proporciona cobertura ante los tres gérmenes más comunes de la meningitis bacteriana, Haemophilus influenzae, el Streptococcus pneumonie y la Neisseria meningitidis.

Enfermería deba realizar valoraciones para observar las características clínicas de la infección para empezar a hacer cuidados y su tratamiento. Vigilar la temperatura y signos vitales del niño (TA, FC, FR) y monitorizar en caso necesario. Vigilar los ingresos y las eliminaciones para controlar el nivel de electrolitos y evitar el edema cerebral por administrar grandes cantidades de líquido. Vigilar el nivel de conciencia y signos neurológicos. Prevenir la diseminación de la meningitis aislando al niño.

VIII. MALOS TRATOS.

Aunque los malos tratos no sea considerado como crítico para el paciente pediátrico lo veremos en este capitulo debido a que la enfermería juega un papel básico a la hora de detectar todo tipo de abusos a los menores.

Estadísticamente se plantea que unos 40.000 niños son maltratados en España anualmente, y de ellos 100 mueren al año víctimas de estos malos tratos.

Definiremos los malos tratos como aquel acto intencionado o no intencionado o por omisión, realizado por un adulto y/o sociedad, el cual afecta adversamente a la salud del niño, su desarrollo psíquico o su desenvolvimiento social.

Los malos tratos no entiende de clases sociales, y podemos clasificar según los factores desencadenantes del maltrato.

- *Estados patológicos de los padres.* Encuadraríamos a padres con problemas de alcoholismo, de drogas, con depresión, psicópata con tendencias sádicas.

- *Problemas de interacción familiar.* Son los casos en los que hay mala relación entre los cónyuges y dificultad de relación de los padres y los hijos, padre no biológico, hijo no deseado o adoptado.

- *Estresantes externos.* Un estrés continuo sin alivio.

- *Factores sociales.* Uso del castigo corporal como algo normal, aislamiento social o falta de preparación para la maternidad o la paternidad, bajo nivel económico.

También podemos clasificar las formas del maltrato según su tipología.

- *Maltrato por negligencia.* Descuido o falta de aplicación de los cuidados necesarios para mantener al niño en buen estado de salud física o psíquica, proporcionándole las necesidades mínimas adecuadas en nutrición, higiene, educación y cuidados médicos.

- *Maltrato físico.* Conjunto de lesiones ocasionadas al niño, a consecuencia del uso de la fuerza física empleada de forma intencional, no accidental, con objeto de lesionarlo o destruirlo, ejercida por los padres o responsables a su cuidado. Tipos de lesiones habituales:

    - Piel y mucosas. Petequias, hematomas, quemaduras por cigarrillos o por agua caliente, alopecia por arrancamiento de cabello.

    - Huesos. Facturas de clavícula, luxación de radio, fractura de fémur en niño pequeño, fracturas costales en lactantes

- Vísceras. Roturas hepáticas, esplénicas, que pueden conllevar a abdomen agudo y shock.

- Trastornos nutritivos. Desnutrición, retraso pondero-estatural, avitaminosis.

- Intoxicaciones. Psicotrópicos, sal común añadida al biberón, inyección de insulina.

- Sistema nervioso central. Las lesiones cerebrales son la causa más importante de la muerte en el niño maltratado, lesiones por traumatismo directo sobre cabeza, fractura craneal, lesiones por estrangulamiento, sacudida violenta de la cabeza.

- *Síndrome de Munchausen.* Consiste en la simulación o provocación de síntomas en el niño por parte de sus cuidadores. Como consecuencia de ello el niño es objeto de numerosas exploraciones de tratamientos innecesarios, ingresos no justificados. En su origen se encuentra un trastorno psiquiátrico de los padres.

- *Maltrato psicosocial.* Se producen por carencia de recursos sociales y económicos que conducen a un desarrollo psíquico-físico inadecuado.

- *Maltrato sexual.* Se incluyen todos los actos en los que el niño es utilizado sexualmente por un adulto. El más común seria el incesto que seria el abuso sobre el niño de algún miembro de la familia.

En el abuso sexual puede haber un maltrato psicológico además del físico. El silencio que se establece en el núcleo familiar, contribuye al principal obstáculo para poder detectarlos.

Las manifestaciones físicas que se presentan seria el edema en la zona genital, y petequias. Mientras que dentro del las manifestaciones psicológicas, veremos trastornos del comportamiento específicas tales como, la historia detallada por parte del menor del encuentro sexual con el adulto e inespecíficas, temor exagerado a la persona determinada, terrores nocturnos, actitud regresiva.

La actuación de enfermería ante un caso probado de malos tratos llevará consigo una terapia familiar, para conseguir un modo de vida mas positivo, y el manejo ambienteal, previniendo la violencia disminuyendo las conductas violentas hacia los demás o hacia uno mismo.

Bibliografía.

-Protocolos unidad pediatría. Hospital Santa Maria del Puerto.

-Dr. Rafael Miranda. Experto universitario de urgencias y emergencias. Bloque pediatría. 2009-2010

-Resucitación cardiopulmonar básica y avanzada pediátrica.. Protocolos y procedimientos. Hospital universitario cruces. Disponible en:
http://urgenciaspediatria.hospitalcruces.com/2_161/pagina.aspx

-http://www.aibarra.org/enfermeria/Profesional/temario/tablas.htm

-Manejo del traumatismo craneal pediátrico. Ignacio Manrique Martínez, Pedro Jesús Alcalá Minagorre. Disponible en http://www.aeped.es/sites/default/files/documentos/manejo_del_traumatismo_craneal_pediatrico.pdf

-Carlos Casas Fernández. Traumatismos craneoencefálicos. S. de Neuropediatría Hospital U. Virgen de la Arrixaca. El Palmar (Murcia). Disponible en: http://www.aeped.es/sites/default/files/documentos/17-tce.pdf

-Cuidados de enfermería y atención en pediatría. P708-711 F.C. Logoss, S.L. 2010

-Infección,sepsis,sepsis severa,choque séptico. Disponible en
http://www.monografias.com/trabajos14/sepsis/sepsis.shtml

-Dr T.C. Kravis, Dra. C.G. Wagner. Urgencias médicas Volumen 2. Editora medica S.A. 1992

-Sol. S. Zimmerman, D.M., Joan Holter Gildea. Cuidados intensivos y urgencias en pediatría. Interamericana. Mcgraw-Hill. 1988

www.ingramcontent.com/pod-product-compliance
Lightning Source LLC
Chambersburg PA
CBHW070434180526
45158CB00017B/1267